XINBIAN DAXUE WULI
SHIYAN BAOGAOCE

新编大学物理实验报告册

主　编　柴爱华
副主编　袁国祥　祁月盈
编　著（按姓氏笔画排序）
　　　　戈　迪　祁月盈　李　凤　杨　琴
　　　　张　敏　段晓勇　柴爱华　袁国祥

复旦大学出版社

内容提要

本书主要是为了配合戈迪主编的《新编大学物理实验教程》教学,内容覆盖物理学与天文学教学指导委员会编制的《理工科类大学物理实验课程教学基本要求》的核心内容.

本书以单个实验报告的形式编著,供学生进行大学物理实验课前预习、实验过程中原始数据记录、实验完成后数据处理,直至完成实验报告.学生待填写的内容具体包括:实验目的、实验原理、实验仪器、实验任务步骤及注意事项、实验原始数据记录、数据处理、思考题及实验小结等.

参加此次编著工作的教师按姓氏笔画排序如下:戈迪、祁月盈、李凤、杨琴、张敏、段晓勇、柴爱华、袁国祥.

嘉兴学院物理实验室的教师和其他没有具名的教师也为本书的编写做了很多工作.在此,向他们表示深深的谢意! 由于成书时间较短以及编者水平所限,书中一定存在不少错误和疏漏之处,敬请读者批评指正.

实验任务、步骤及注意事项

实验原始数据记录 （教师当堂签字方为有效，不得涂改）

1. 用游标卡尺测圆柱体的直径

表 1-1

次数 被测量	1	2	3	4	5
d(mm)					

2. 用螺旋测微计测小球的体积

表 1-2

零点读数 D_0：_____，仪器误差：_____，单位：_____．

次数 项目	1	2	3	4	5
D_i(mm)					

3. 用读数显微镜测毛细管的直径

表 1-3

仪器误差：_____，单位：_____.

次数 项目	1	2	3	4	5
D_{i2}(mm)					
D_{i1}(mm)					

教师签名：_____

年　　月　　日

🎯 数据处理

1. 用游标卡尺测圆柱体的直径

表 1-4

被测量＼次数	1	2	3	4	5	$\bar{x}$	S_x	$\Delta_仪$	Δ_x	$x=\bar{x}\pm\Delta_x$
d(mm)										

2. 用螺旋测微计测小球的体积

表 1-5

零点读数 D_0：_____，仪器误差：_____，单位：_____.

次数＼项目	D_i(mm)	$D=D_i-D_0$(mm)
1		
2		
3		
4		
5		
平均值	/	

$$S_D=\sqrt{\frac{\sum(D-\bar{D})^2}{n-1}}=\underline{\qquad}$$

$$\Delta_D=\sqrt{S_D^2+\Delta_仪^2}=\underline{\qquad}$$

计算小球体积：

$\bar{V}=\dfrac{1}{6}\pi\bar{D}^3=$ _____ ;

$\Delta_V=3\cdot\dfrac{\Delta_D}{\bar{D}}\cdot\bar{V}=$ _____ ;

$V=\bar{V}\pm\Delta_V=$ _____ .

实验任务、步骤及注意事项

实验原始数据记录（教师当堂签字方为有效，不得涂改）

1. 记录 L，B，D，b 的测量数据

表 2-1

次数 被测量	1	2	3	4	5
L(cm)					
B(cm)					
D(mm)					
b(cm)		/	/	/	/

2. 采用逐差法处理数据

表 2-2

拉伸力(N)	标尺读数(cm)	
	拉伸力增加时	拉伸力减少时
9.80	n_0	n_0'
19.60	n_1	n_1'
29.40	n_2	n_2'
39.20	n_3	n_3'
49.00	n_4	n_4'
58.80	n_5	n_5'
68.60	n_6	n_6'
78.40	n_7	n_7'

教师签名：_____

年　　月　　日

🎯 数据处理

1. 处理 L，B，D，b 的测量数据

表 2-3

次数 被测量	$\bar{x}$	S_x	$\Delta_{x仪}$	$\Delta_x=\sqrt{s_x^2+\Delta_仪^2}$	$x=\bar{x}\pm\Delta_x$	$E_x=\Delta_x/\bar{x}$
L(cm)						
B(cm)						
D(mm)						
b(cm)		/				

2. 处理 Δn 的数据

表 2-4

拉伸力 F(N)	$\bar{n}=\dfrac{n_i+n_i'}{2}$(cm)	$l_i=(\bar{n}_{i+4}-\bar{n}_i)$(cm)	
9.80	$\bar{n}_0$	$l_1=(\bar{n}_4-\bar{n}_0)$	
19.60	$\bar{n}_1$	$l_2=(\bar{n}_5-\bar{n}_1)$	$S_l=\sqrt{\dfrac{\sum(l_i-\bar{l})^2}{n-1}}=$ _____
29.40	$\bar{n}_2$	$l_3=(\bar{n}_6-\bar{n}_2)$	
39.20	$\bar{n}_3$	$l_4=(\bar{n}_7-\bar{n}_3)$	$\Delta_l=\sqrt{S_l^2+2\Delta_仪^2}=$ _____
49.00	$\bar{n}_4$	$\bar{l}$	
58.80	$\bar{n}_5$		$\dfrac{\Delta_{\Delta n}}{\overline{\Delta n}}=\dfrac{\Delta_l}{\bar{l}}=$ _____
68.60	$\bar{n}_6$	$\overline{\Delta n}=\dfrac{\bar{l}}{4}$	
78.40	$\bar{n}_7$		

实验任务、步骤及注意事项

实验原始数据记录（教师当堂签字方为有效，不得涂改）

表 3-1

物体名称	质量(kg)	几何尺寸(cm)		周期(s)	
金属载物盘	/	/		T_0	
				$\overline{T}_0$	
塑料圆柱		D		T_1	
		$\overline{D}$		$\overline{T}_1$	
金属圆柱		$D_外$		T_2	
		$\overline{D}_外$			
		$D_内$			
		$\overline{D}_内$		$\overline{T}_2$	

续表

物体名称	质量(kg)	几何尺寸(cm)		周期(s)	
球		D		T_3	
		$\overline{D}$		$\overline{T}_3$	
金属细杆		L		T_4	
				$\overline{T}_4$	

教师签名：_____

年　　月　　日

数据处理

(1) 由载物盘转动惯量 $J_0=\dfrac{KT_0^2}{4\pi^2}$、塑料圆柱体的转动惯量理论值 $J_1'=\dfrac{1}{8}mD^2$ 及塑料圆柱体放在载物盘上总的转动惯量 $J_0+J_1'=\dfrac{KT_1^2}{4\pi^2}$，计算扭转常数为

$$K=\dfrac{\pi^2}{2}\dfrac{m\overline{D}^2}{\overline{T}_1^2-\overline{T}_0^2}=\underline{\qquad}(\text{N}\cdot\text{m}).$$

(2) 计算各种物体的转动惯量，并与理论值进行比较，求出百分误差，填入表 3-2 中．

已知：球支座转动惯量实验值 $J_0'=0.179\times10^{-4}\,\text{kg}\cdot\text{m}^2$，细杆夹具转动惯量实验值 $J_0''=0.232\times10^{-4}\,\text{kg}\cdot\text{m}^2$．

表 3-2

物体名称	转动惯量理论值($10^{-4}\,\text{kg}\cdot\text{m}^2$)	转动惯量实验值($10^{-4}\,\text{kg}\cdot\text{m}^2$)	百分误差
金属载物盘	/	$J_0=\dfrac{J_1'\overline{T}_0^2}{\overline{T}_1^2-\overline{T}_0^2}$ =_____	/
塑料圆柱	$J_1'=\dfrac{1}{8}m\overline{D}^2$ =_____	$J_1=\dfrac{K\overline{T}_1^2}{4\pi^2}-J_0$ =_____	/

实验任务、步骤及注意事项

实验原始数据记录 （教师当堂签字方为有效，不得涂改）

1. 记录实验基本参数

热线长度 $L=$ _____（cm），热线摄氏零度电阻值 $R_0=$ _____（Ω）．

热线直径 $D_1=$ _____（mm），测量室内壁直径 $D_2=$ _____（mm）．

热线恒温为 T_1 时的电阻 $R=$ _____（Ω），实验环境室温 $T_2=$ _____（℃）．

2. 记录实验数据

表 4-1

测量次数	气压 P(Torr)	电压 U(V)	电流 I(A)	P^{-1}(Torr^{-1})	$Q_{低}=(UI-U_{空}I_{空})\times 1.2$(W)	$Q_{低}^{-1}$(W^{-1})
真空时	0.0					
1	0.5					
2	1.0					
3	1.5					
4	2.0					
5	2.5					
6	3.0					

续表

测量次数	气压 P(Torr)	电压 U(V)	电流 I(A)	P^{-1}(Torr^{-1})	$Q_{低}=(UI-U_空 I_空)\times 1.2$(W)	$Q_{低}^{-1}$(W^{-1})
7	3.5					
8	4.0					
9	4.5					
10	5.0					
11	5.5					
12	6.0					
13	6.5					
14	7.0					
15	7.5					
16	8.0					
17	8.5					
18	9.0					
19	9.5					
20	10.0					

教师签名：_____

年　　月　　日

数据处理

(1) 外推法求 Q.

(2) 求 T_1 与 T_2.

(3) 求 T_1 和 T_2 之间的平均导热系数.

(4) 求 T_1 和 T_2 之间平均导热系数的理论值，并与实验测得值对比，求实验的相对误差.

已知 0 ℃时某些气体的导热系数，如表 4-2 所示.

表 4-2

气体 0 ℃时的导热系数	空　气 （干燥）	氢　气	二氧化碳	氧　气	氮　气
K_0($\times 10^{-4}$ W·cm^{-1}·K)	2.38	13.80	1.38	2.34	2.34

导热系数 K 的理论值为

$$K=K_0\times (T/273)^{3/2}.$$

计算出 T_1 和 T_2 之间的平均导热系数为

实验任务、步骤及注意事项

实验原始数据记录（教师当堂签字方为有效，不得涂改）

1. 记录实验基本参数

表 5-1

挡光片宽度 Δx(cm)		两光电门间距 s(cm)	
滑块质量 m(g)		砝码盘质量 m'(g)	
单个砝码质量 m_0(g)		系统总质量 M(g)	

2. 记录实验中速度和加速度

表 5-2

F	Δt_1(s)	v_1(m·s^{-1})	Δt_2(s)	v_2(m·s^{-1})
$m'g$				
$(m'+m_0)g$				
$(m'+2m_0)g$				
$(m'+3m_0)g$				
$(m'+4m_0)g$				
$(m'+5m_0)g$				

教师签名：_____

年　月　日

数据处理

1. 求速度和加速度

表 5-3

F	$\Delta t_1(\text{s})$	$v_1(\text{m}\cdot\text{s}^{-1})$	$\Delta t_2(\text{s})$	$v_2(\text{m}\cdot\text{s}^{-1})$	$a(\text{m}\cdot\text{s}^{-2})$	$a_0=F/M(\text{N}\cdot\text{kg}^{-1})$	E
$m'g$							
$(m'+m_0)g$							
$(m'+2m_0)g$							
$(m'+3m_0)g$							
$(m'+4m_0)g$							
$(m'+5m_0)g$							

注：$a_0=F/M$，$a=(v^2-v_0^2)/2s$，$E=|a_0-a|\times 100\%/a_0$.

2. 作 $F\sim a_0$ 和 $F\sim a$ 曲线

以 F 为横坐标，按等精度作图的原则在同一张坐标纸上作出两条曲线．

思考题及实验小结

实验任务、步骤及注意事项

实验原始数据记录 （教师当堂签字方为有效，不得涂改）

1. 记录不同砝码质量对应的电子秤读数

表 6-1

砝码质量(mg)	u_i'(mV)	u_i''(mV)
0.00		
500.00		
1 000.00		
1 500.00		
2 000.00		
2 500.00		
3 000.00		
3 500.00		

2. 记录吊环的内、外直径

表 6-2

测量次数	1	2	3	4	5
内径 $D_{内}$(mm)					
外径 $D_{外}$(mm)					

3. 记录液膜破裂瞬间的拉力和吊环重力对应的电子秤读数

表 6-3

水温(室温)_____(℃)，$\alpha_0=$_____(N·m^{-1}).

测量次数	拉脱时最大读数 U_1(mV)	吊环读数 U_2(mV)
1		
2		
3		
4		
5		

教师签名：_____

年　　月　　日

数据处理

1. 用逐差法计算力敏传感器的转换系数 K

不同砝码质量对应的电子秤读数如表 6-4 所示.

表 6-4

砝码质量(mg)	$u_i=\dfrac{u_i'+u_i''}{2}$(mV)		$\Delta u_i=(u_{i+4}-u_i)/4$(mV)	
0.00	u_1		Δu_1	
500.00	u_2			
1 000.00	u_3		Δu_2	
1 500.00	u_4			
2 000.00	u_5		Δu_3	
2 500.00	u_6			
3 000.00	u_7		Δu_4	
3 500.00	u_8			

$\overline{\Delta u}=$_____(mV)；

$K=\dfrac{g\cdot m}{\overline{\Delta u}}=$_____(N·mV^{-1}).

2. 计算圆筒形吊环与液体接触面周长 L

$\overline{D}_内=$_____(mm)；

$\overline{D}_外=$_____(mm)；

吊环与液体接触面的周长 $\overline{L}=\pi\cdot(\overline{D}_内+\overline{D}_外)=$_____(m).

3. 计算液膜破裂瞬间表面张力对应的电压读数 $\overline{U}$

实验任务、步骤及注意事项

实验原始数据记录 （教师当堂签字方为有效，不得涂改）

1. 记录钢珠质量、直径及其平均值和不确定度

表 7-1

次数 项目	1	2	3	4	5
质量 $m(\times 10^{-3}\,\text{kg})$					
直径 $d(\times 10^{-3}\,\text{m})$					

2. 记录钢球的振动周期 T 及其平均值和不确定度

表 7-2

$V_{瓶}=$ _____ (cm³),周期个数 $N=$ _____.

次数 项目	1	2	3	4	5
N 次周期 t(s)					
单次周期 T(s)					

教师签名：_____

年　　月　　日

数据处理

1. 测量钢珠质量、直径,并计算其平均值和不确定度

表 7-3

项　目	$\bar{x}$	$\Delta_{x仪}$	$S_x=\sqrt{\dfrac{\sum(x_i-\bar{x})^2}{n-1}}$	$\Delta_x=\sqrt{\Delta_{x仪}^2+S_x^2}$
质量 $m(\times 10^{-3}\text{kg})$				
直径 $d(\times 10^{-3}\text{m})$				

$m=\bar{m}\pm\Delta_m=$ _____ (kg);

$d=\bar{d}\pm\Delta_d=$ _____ (m).

2. 测量钢球的振动周期 T,并计算其平均值和不确定度

表 7-4

$V_{瓶}=$ _____ (cm³),周期个数 $N=$ _____.

项　目	$\bar{T}$	$\Delta_x=\sqrt{\dfrac{\sum(x_i-\bar{x})^2}{n-1}}$
N 次周期 t(s)	/	/
单次周期 T(s)		

$T=\bar{T}\pm\Delta_T=$ _____ (s).

3. 在忽略储气瓶 II 体积 V、大气压 p 测量误差的情况下,计算空气的比热容比及其不确定度

$\bar{\gamma}=\dfrac{64\,\bar{m}V}{\bar{T}^2 p\,\bar{d}^4}=$ _____ ;

实验任务、步骤及注意事项

_____
_____
_____
_____
_____
_____
_____
_____

实验原始数据记录 （教师当堂签字方为有效,不得涂改）

1. 线性元件

(1) 10 Ω 电阻(电流表外接法).

表 8-1

U(V)										
I(mA)										

(2) 10 kΩ 电阻(电流表内接法).

表 8-2

U(V)										
I(mA)										

2. 非线性元件

(1) 二极管的正向特性.

表 8-3

U(V)										
I(mA)										

(2) 二极管的反向特性.

表 8-4

U(V)										
I(mA)										

教师签名：_____

年　　月　　日

数据处理

1. 线性元件

(1) 10 Ω 电阻（电流表外接法）.

表 8-5

$U(V)$										
$I(mA)$										

在实验曲线上取两点的坐标值 $A(\_\_\_,\_\_\_)$ 和 $B(\_\_\_,\_\_\_)$，并计算被测电阻的阻值为

$$R = \frac{U_A - U_B}{I_A - I_B} = \underline{\quad\quad} = \underline{\quad\quad\quad}(\Omega),$$

相对误差为

$$E = \frac{|R - R_0|}{R_0} \times 100\% = \underline{\quad\quad\quad}.$$

(2) 10 kΩ 电阻（电流表内接法）.

表 8-6

$U(V)$										
$I(mA)$										

在实验曲线上取两点的坐标值 $A(\_\_\_,\_\_\_)$、$B(\_\_\_,\_\_\_)$，并计算被测电阻的阻值为

$$R = \frac{U_A - U_B}{I_A - I_B} = \underline{\quad\quad} = \underline{\quad\quad\quad}(\Omega),$$

相对误差为

$$E = \frac{|R - R_0|}{R_0} \times 100\% = \underline{\quad\quad\quad}.$$

2. 在坐标纸上作出线性元件电阻和非线性元件二极管的伏安特性曲线

思考题及实验小结

实验任务、步骤及注意事项

实验原始数据记录 （教师当堂签字方为有效，不得涂改）

1. 记录参数

被校电流表量程_____（mA）.

2. 记录校验电流表数据（若被校准表是微安表，则表 9-1 内电流的单位均改为"μA"）

表 9-1

被检表示值 I_j'(mA)		10.0	20.0	30.0	40.0	50.0	60.0	70.0	80.0	90.0	100.0
U_x 读数(mV)	增加										
	减少										

教师签名：_____

年　　月　　日

数据处理

1. 数据记录及处理

（1）参数记录.

电位差计倍率：_____，$\Delta U =$ _____（μV）.

被校电流表量程：_____（mA），被校电流表精度等级：_____.

$E_N =$ _____（V），$R_0 =$ _____（Ω），$\Delta R_0/R_0 =$ _____.

（2）完成表 9-2（若被校准表是微安表，则表 9-2 内电流的单位均改为"μA"）.

表 9-2

被检表示值 I_j'(mA)	U_x 读数(mV)			电流表实际值 $I_j=\left(\dfrac{\overline{U}_x}{R_0}\right)$(mA)	$(\Delta I_j = I_j' - I_j)$(mA)
	增加	减少	平均		
10.0					
20.0					
30.0					
40.0					
50.0					
60.0					
70.0					
80.0					
90.0					
100.0					

2. 判断电流表是否合格

$$\dfrac{|\Delta I_j|_{\max}}{电流表量程} \times 100\% = \underline{\qquad} \times 100\% = \underline{\qquad} \%.$$

此电流表是否合格？ _____ .

3. 估算电表校验装置误差

$$\dfrac{\Delta_I}{I} = \sqrt{\left(\dfrac{\Delta_{U_x}}{U_x}\right)^2 + \left(\dfrac{\Delta_{R_0}}{R_0}\right)^2} = \sqrt{\left(0.05\% + \dfrac{\Delta U}{\overline{U}_x|_{\min}}\right)^2 + \left(\dfrac{\Delta_{R_0}}{R_0}\right)^2}$$

$$= \sqrt{(0.05\% + \underline{\qquad})^2 + (0.01\%)^2} = \underline{\qquad}.$$

此校验装置是否合格？ _____ .

4. 在坐标纸上作出校正曲线 $\Delta I_j \sim I_j'$（点折线）

思考题及实验小结

_____

_____

_____

_____

_____

_____

_____

实验任务、步骤及注意事项

实验原始数据记录 （教师当堂签字方为有效,不得涂改）

1. 校准示波器,观察波形及测量电压和频率

表 10-1

测试波形	幅　　值			频　　率			
	"Volts/div" (　　)	"Y 格数" (　　)	$V_{p\text{-}p}$ (　　)	"A Time/div" (　　)	"X 格数" (　　)	T (　　)	$f=1/T$ (　　)
校正波							
∿							
⊓⊔							
∧∧							

2. 描绘 $f_y:f_x=4:1$ 的李萨如图形草图

教师签名：_____

年　　月　　日

数据处理

1. 校准示波器,观察波形及测量电压和频率

表 10-2

测试波形	幅　值			频　率			
	"Volts/div" (＿＿)	"Y 格数" (＿＿)	$V_{p\text{-}p}$ (＿＿)	"A Time/div" (＿＿)	"X 格数" (＿＿)	T (＿＿)	$f=1/T$ (＿＿)
校正波							

2. 在坐标纸上作出 $f_y : f_x = 4 : 1$ 的李萨如图形

思考题及实验小结

实验任务、步骤及注意事项

实验原始数据记录 （教师当堂签字方为有效，不得涂改）

1. 记录测绘 $V_H \sim I_S$ 实验曲线数据

表 11-1

$I_M = 500(mA)$，磁场强度 $B = _____(mT)$.

$I_S(mA)$	$V_1(mV)$ $+B, +I_S$	$V_2(mV)$ $-B, +I_S$	$V_3(mV)$ $-B, -I_S$	$V_4(mV)$ $+B, -I_S$	$V_H = \dfrac{V_1 - V_2 + V_3 - V_4}{4}(mV)$
1.00					
1.50					
2.00					
2.50					
3.00					
3.50					
4.00					

2. 记录测绘 $V_H \sim I_M$ 实验曲线数据

表 11-2

$I_S = 5.00(mA)$.

$I_M(A)$	$V_1(mV)$ $+B, +I_S$	$V_2(mV)$ $-B, +I_S$	$V_3(mV)$ $-B, -I_S$	$V_4(mV)$ $+B, -I_S$	$V_H = \dfrac{V_1 - V_2 + V_3 - V_4}{4}(mV)$
0.300					
0.400					
0.500					
0.600					
0.700					
0.800					

3. 记录样品的相关参数

$b=$ _____ , $d=$ _____ , $l=$ _____ ,即:根据在零磁场下,$I_S=2.00$ mA 时测得的 $V_{AC}=$ _____（即 V_σ）.

教师签名：_____

年　　月　　日

数据处理

1. 在坐标纸上作出 $V_H \sim I_S$ 曲线和 $V_H \sim I_M$ 曲线

2. 计算

(1) 记下样品的相关参数 b, d, l, 根据在零磁场下, $I_S=2.00$ mA 时测得的 V_{AC}（即 V_σ）计算电导率 σ.

(2) 确定样品的导电类型为 P 型还是 N 型.

(3) 求 R_H（$I_S=2.00$ mA，$I_M=0.500$ A），n 和 μ 值.

思考题及实验小结

实验任务、步骤及注意事项

实验原始数据记录 （教师当堂签字方为有效，不得涂改）

1. 记录载流圆线圈轴线上磁场分布的测量数据（探测器位于 R 的位置），设载流圆线圈的圆心为坐标原点，在刻度尺 0.0 cm 处.

表 12-1

刻度尺读数(10^{-2}m)	−12.0	−11.0	−10.0	−9.0	−8.0	−7.0	−6.0
磁感应强度 B(mT)							
$B=\dfrac{\mu_0 N_0 I R^2}{2(R^2+X^2)^{3/2}}$(T)							
相对误差(%)							
刻度尺读数(10^{-2}m)	−5.0	−4.0	−3.0	−2.0	−1.0	0.0	1.0
磁感应强度 B(mT)							
$B=\dfrac{\mu_0 N_0 I R^2}{2(R^2+X^2)^{3/2}}$(T)							
相对误差(%)							
刻度尺读数(10^{-2}m)	2.0	3.0	4.0	5.0	6.0	7.0	8.0
磁感应强度 B(mT)							
$B=\dfrac{\mu_0 N_0 I R^2}{2(R^2+X^2)^{3/2}}$(T)							
相对误差(%)							
刻度尺读数(10^{-2}m)	9.0	10.0	11.0	12.0	/	/	/
磁感应强度 B(mT)					/	/	/
$B=\dfrac{\mu_0 N_0 I R^2}{2(R^2+X^2)^{3/2}}$(T)					/	/	/
相对误差(%)					/	/	/

2. 记录亥姆霍兹线圈轴线上磁场分布的测量数据

设两线圈圆心连线中点为坐标原点，在方格坐标纸上画出 $B\sim X$ 实验曲线.坐标原点设在刻度尺 0.0 cm 处.

表 12-2

刻度尺读数(10^{-2} m)	−12.0	−11.0	−10.0	−9.0	−8.0	−7.0	−6.0	−5.0	−4.0
磁感应强度 B(mT)									
刻度尺读数(10^{-2} m)	−3.0	−2.0	−1.0	0.0	1.0	2.0	3.0	4.0	5.0
磁感应强度 B(mT)									
刻度尺读数(10^{-2} m)	6.0	7.0	8.0	9.0	10.0	11.0	12.0	/	/
磁感应强度 B(mT)								/	/

教师签名：_____

年　　月　　日

数据处理

1. 在同一坐标纸上绘出载流圆线圈轴线上磁场分布的实验曲线与理论曲线
2. 在方格坐标纸上画出亥姆霍兹线圈轴线上的磁场分布 $B \sim X$ 实验曲线（设两线圈圆心连线中点为坐标原点）

思考题及实验小结

实验任务、步骤及注意事项

实验原始数据记录 （教师当堂签字方为有效，不得涂改）

1. 单电桥

表 13-1

电阻标称值（Ω）			
选取的电源电压 E(V)			
比率臂读数 C			
准确度等级指数 a			
平衡时测量盘读数 R(Ω)			
平衡后测量盘的示值变化 ΔR(Ω)			
与 ΔR 对应的检流计偏转 Δd(div)			

2. 双电桥

表 13-2

电阻标称值（Ω）			
比率臂读数 C			
准确度等级指数 a			
平衡时测量盘读数 R(Ω)			

教师签名：_____

年　　月　　日

数据处理

1. 单电桥

表 13-3

电阻标称值（Ω）			
选取的电源电压 E(V)			
比率臂读数 C			
准确度等级指数 a			
平衡时测量盘读数 R(Ω)			
平衡后测量盘示值变化 ΔR(Ω)			
与 ΔR 相对应的检流计偏转 Δd(div)			
电桥测量值"CR"(Ω)			
$[\lvert E_{\lim}\rvert = (a\%)C(R+1)]$(Ω)			
$(\Delta_s = 0.2C\Delta R/\Delta d)$(Ω)			
$(\Delta_{R_x} = \sqrt{E_{\lim}^2 + \Delta_s^2})$(Ω)			
$(R_x = CR \pm \Delta_{R_x})$(Ω)			

实验任务、步骤及注意事项

实验原始数据记录 （教师当堂签字方为有效,不得涂改）

1. 记录实验电路中所使用的电阻和电容的标称值,利用理论公式求 τ

$R_{标称}=$ _____ , $C_{标称}=$ _____ .

2. 测量并绘制 RC 串联电路中电容的充电、放电电压曲线 $U_C \sim t$

表 14-1

充电	$t(\text{s})$									
	$U_C(\text{V})$									
放电	$t(\text{s})$									
	$U_C(\text{V})$									

3. 测量并绘制 RC 串联电路中电容的充电、放电电流曲线 $I \sim t$

表 14-2

充电	t(s)									
	I(A)									
放电	t(s)									
	I(A)									

教师签名：_____

年　　月　　日

数据处理

1. 利用实验中所使用的电阻和电容的标称值，计算电路的时间常数 τ

$\tau =$ _____ .

2. 利用表 14-1 中的数据绘制 RC 串联电路中电容的充电、放电电压曲线 $U_C \sim t$

3. 利用表 14-2 中的数据绘制 RC 串联电路中电容的充电、放电电流曲线 $I \sim t$

4. 利用图解法求充电、放电时间常数 τ_1 和 τ_2

$\tau_1 =$ _____ , $\tau_2 =$ _____ .

5. 绘制 $\ln(E - U_C) \sim t$ 曲线，根据直线斜率 $K = \dfrac{1}{\tau}$，求出时间常数 τ_1 和 τ_2

$\tau_1 =$ _____ , $\tau_2 =$ _____ .

思考题及实验小结

实验任务、步骤及注意事项

实验原始数据记录（教师当堂签字方为有效，不得涂改）

记录波长测量数据表

表 15-1

输入频率：$f=$ _____（Hz），环境温度：$t=$ _____（℃）.

位置	x_0	x_1	x_2	x_3	x_4	x_5	x_6	x_7	x_8	x_9
	/	\	/	\	/	\	/	\	/	\
标尺读数(mm)										
$\Delta x = \dfrac{x_{i+5}-x_i}{5}$(mm)	\multicolumn{2}{c}{$\dfrac{(x_5-x_0)}{5}$}		\multicolumn{2}{c}{$\dfrac{(x_6-x_1)}{5}$}		\multicolumn{2}{c}{$\dfrac{(x_7-x_2)}{5}$}		\multicolumn{2}{c}{$\dfrac{(x_8-x_3)}{5}$}		\multicolumn{2}{c}{$\dfrac{(x_9-x_4)}{5}$}
$\overline{\Delta x}$(mm)				\multicolumn{2}{c}{$\lambda = 2\cdot\overline{\Delta x}$(mm)}					

教师签名：_____

年　　月　　日

数据处理

对实验结果进行处理

表 15-2

频率不确定度 Δ_f(Hz)	波长不确定度 Δ_λ(m)	声速实验值 $v_实 = f\cdot\lambda$ (m·s^{-1})	声速不确定度 Δ_v(m·s^{-1})	声速 ($v_实 \pm \Delta_v$) (m·s^{-1})	声速理论值 $v_理$(m·s^{-1})	百分误差 $\dfrac{\lvert v_实 - v_理 \rvert}{v_理}\times 100\%$
100						

$$\Delta_\lambda = \sqrt{\dfrac{\sum(\Delta x_i - \overline{\Delta x})^2}{n-1}} = \underline{\qquad};$$

$$\Delta_v = v_实 \sqrt{\left(\dfrac{\Delta_f}{f}\right)^2 + \left(\dfrac{\Delta_\lambda}{\lambda}\right)^2} = \underline{\qquad};$$

$$v_理 = 331.5\sqrt{\left(1+\dfrac{t}{273.15}\right)} = \underline{\qquad}.$$

思考题及实验小结

_____

_____

_____

实验任务、步骤及注意事项

实验原始数据记录 （教师当堂签字方为有效，不得涂改）

表 16-1　数据记录表

$\lambda_0 = 632.8$ nm.

"冒出"或"缩进"环数 k	0	50	100	150	200
鼓轮读数 d_k (mm)					
"冒出"或"缩进"环数 k	250	300	350	400	450
鼓轮读数 d_k (mm)					

教师签名：_____

年　月　日

数据处理

$$\overline{\Delta d_{50}} = \frac{(d_{450}-d_{200})+(d_{400}-d_{150})+\cdots+(d_{250}-d_0)}{5\times 5} = \underline{\qquad};$$

$$\overline{\lambda} = \frac{2\,\overline{\Delta d_{50}}}{50} = \underline{\qquad};$$

$$E_\lambda = \frac{|\overline{\lambda}-\lambda_0|}{\lambda_0}\times 100\% = \underline{\qquad}.$$

思考题及实验小结

实验任务、步骤及注意事项

实验原始数据记录（教师当堂签字方为有效，不得涂改）

1. 记录不同波长光波的截止电压 U_{AK}

表 17-1

入射光波长(nm)	365	405	436	546	577
入射光频率 ν (×10^{14} Hz)	8.214	7.408	6.879	5.490	5.196
截止电压 U_a (V)					

2. 记录 $I \sim U_{AK}$ 数据

表 17-2

光电管位置_____(cm); 光阑孔 $\varnothing =$ _____(mm).

入射光波长(nm)	365		405		436		546		577	
i	U_{AK}(V)	I_i (×10^{-10} A)	U_{AK}(V)	I_i (×10^{-10} A)	U_{AK}(V)	I_i (×10^{-10} A)	U_{AK}(V)	I_i (×10^{-10} A)	U_{AK}(V)	I_i (×10^{-10} A)
1										
2										
3										
4										
5										
6										
7										
8										
9										
10										
11										
12										
13										
14										
15										
16										
17										
18										
19										

续表

入射光波长(nm)	365		405		436		546		577	
	U_{AK}(V)	I_i ($\times 10^{-10}$ A)	U_{AK}(V)	I_i ($\times 10^{-10}$ A)	U_{AK}(V)	I_i ($\times 10^{-10}$ A)	U_{AK}(V)	I_i ($\times 10^{-10}$ A)	U_{AK}(V)	I_i ($\times 10^{-10}$ A)
20										
21										
22										
23										
24										
25										
26										
27										
28										
29										
30										

教师签名：_____

年　　月　　日

数据处理

1. 截止电压 U_a

利用表 17-1 中的数据，在坐标纸上作出 $U_a \sim V$ 曲线，从 $U_a \sim V$ 曲线中任取两点 A 和 B，求出直线的斜率 k、普朗克常数 h 和相对误差 E_h.

$$k = \frac{U_{aB} - U_{aA}}{v_B - v_A} = \underline{\qquad};$$

$$h = k \cdot e = \frac{U_{aB} - U_{aA}}{v_B - v_A} \cdot 1.602 \times 10^{-19} \text{ J} \cdot \text{s} = \underline{\qquad} \text{ J} \cdot \text{s};$$

$$E_h = \frac{|h - h_0|}{h_0} \times 100\% = \frac{|h - 6.626 \times 10^{-34}|}{6.626 \times 10^{-34}} \times 100\% = \underline{\qquad}.$$

2. 伏安特性曲线

根据表 17-2 中的不同光频率的 $I \sim U_{AK}$ 值，作出 5 条不同波长的伏安特性曲线.

思考题及实验小结

实验任务、步骤及注意事项

📓 实验原始数据记录 （教师当堂签字方为有效，不得涂改）

三棱镜顶角的测定

表 18-1

测量游标编号	Ⅰ	Ⅱ
第一位置 T_1		
第二位置 T_2		
$\phi_i = \lvert T_2 - T_1 \rvert$		

教师签名：_____

年　　月　　日

🎯 数据处理

根据表 18-1 中的数据，测定三棱镜顶角

实验任务、步骤及注意事项

实验原始数据记录（教师当堂签字方为有效，不得涂改）

表 19-1

光谱线颜色/波长(nm)	黄Ⅱ		黄Ⅰ		绿(546.1)		紫	
衍射光谱级次 k								
游标	Ⅰ	Ⅱ	Ⅰ	Ⅱ	Ⅰ	Ⅱ	Ⅰ	Ⅱ
左侧($k=-1$)衍射光方位 $\phi_左$								
右侧($k=+1$)衍射光方位 $\phi_右$								
$2\phi_m=|\phi_左-\phi_右|$								
$\overline{2\phi_m}$								
$\overline{\phi_m}$								

教师签名：_____

年　月　日

数据处理

$\Delta_\phi=\pm 2'\approx\pm 0.00058\ \text{rad}$，根据表 19-1 中的数据进行计算：

$\Delta_d=d\cdot\dfrac{\Delta_{\phi k}}{\tan\phi_{绿 k}}=$ _____ ；

$\Delta_\lambda=\sqrt{\sin^2\phi_k\cdot\Delta_d^2+d^2\cdot\cos^2\phi_k\cdot\Delta\phi_k^2}=$ _____ ；

$d=\bar{d}\pm\Delta_d=$ _____ ；

$\lambda_{黄Ⅰ}=\overline{\lambda_{黄Ⅰ}}\pm\Delta_{\lambda 黄Ⅰ}=$ _____ ；

$\lambda_{黄Ⅱ}=\overline{\lambda_{黄Ⅱ}}\pm\Delta_{\lambda 黄Ⅱ}=$ _____ ；

$\lambda_{紫}=\overline{\lambda_{紫}}\pm\Delta_{\lambda 紫}=$ _____ .

思考题及实验小结

实验任务、步骤及注意事项

实验原始数据记录 （教师当堂签字方为有效，不得涂改）

表 20-1

$\lambda = $ _____ (mm).

环 数			直径 D_m(mm)	环 数			直径 D_n(mm)	$D_m^2 - D_n^2$(mm²)
m	左	右		n	左	右		

$\overline{D_m^2 - D_n^2} = $

教师签名：_____

年　　月　　日

数据处理

曲率半径的最佳值 $\overline{R} = \dfrac{\overline{D_m^2 - D_n^2}}{4(m-n)\lambda} = $ _____ (mm);

$\Delta_A = S_{D_m^2 - D_n^2} = \sqrt{\dfrac{\sum[(D_m^2 - D_n^2)_i - \overline{(D_m^2 - D_n^2)}]^2}{k-1}} = $ _____ (mm)（本实验 $k=5$）;

$\Delta_{(D_m^2 - D_n^2)} \approx \Delta_A = $ _____ (mm);

$\Delta_R = \dfrac{\Delta_{(D_m^2 - D_n^2)}}{4(m-n)\lambda} = $ _____ (mm).

写出实验结果：$R = \overline{R} \pm \Delta_R = $ _____ (mm).

思考题及实验小结

实验任务、步骤及注意事项

实验原始数据记录（教师当堂签字方为有效,不得涂改）

1. 共轭法测凸透镜的焦距

表 21-1

测量次数	凸透镜的第一次位置 x_1(cm)	凸透镜的第二次位置 x_2(cm)	$d=|x_1-x_2|$(cm)
1			
2			
3			
4			
5			

2. 物像法测凹透镜的焦距

表 21-2

项目次数	凹透镜的位置 x_0(cm)	第一次成像的位置 x_1(cm)	最后成像的位置 x_2(cm)	物距 $u=(x_1-x_0)$(cm)	像距 $v=(x_2-x_0)$(cm)
1					
2					
3					

教师签名：_____

年　　月　　日

数据处理

1. 共轭法测凸透镜焦距

$\bar{d}=$ _____ (cm)；

$\bar{f}=\dfrac{D^2-(\bar{d})^2}{4D}=$ _____ (cm).

2. 物像法测凹透镜的焦距

$f=-\dfrac{uv}{u-v}=$ _____ (cm).

实验任务、步骤及注意事项

实验原始数据记录 （教师当堂签字方为有效，不得涂改）

1. 不同弦长拉紧弦的共振频率

弦的线密度 $\mu_0=$ _____（$\times 10^{-4}$ kg·m^{-1}），砝码悬挂位置_____Mg，张力_____（N），波速 $v_0=\sqrt{T/\mu_0}=$ _____（m/s）.

不同弦长拉紧弦的共振频率数据如表 22-1 所示.

表 22-1

弦长 L(cm)	波腹数 n(个)	共振频率 f_n(Hz)	波长 $\lambda_n=2L/n$(cm)	基频 $f_1=f_n/n$(Hz)	波速 $v=f_n\lambda_n$(m·s^{-1})	波速的百分误差 $E_v=\left\|\dfrac{v-v_0}{v_0}\right\|\times 100\%$
	平均值					
	平均值					
	平均值					
	平均值					

续表

弦长 L(cm)	波腹数 n(个)	共振频率 f_n(Hz)	波长 $\lambda_n=2L/n$(cm)	基频 $f_1=f_n/n$(Hz)	波速 $v=f_n\lambda_n$(m·s^{-1})	波速的百分误差 $E_v=\left|\dfrac{v-v_0}{v_0}\right|\times100\%$
		平均值				

2. 不同张力时的共振频率

表 22-2

弦长(cm)	悬挂位置(mg)	张力(N)	共振基频 f_1(Hz)	波速 $v=f_1\lambda_1=2f_1L$(m·s^{-1})

教师签名：_____

年　　月　　日

数据处理

1. 作弦长与共振频率(基频)的关系图 $L\sim \bar{f}_1$

2. 作张力与共振频率(基频)的关系图 $T\sim \bar{f}_1$

3. 求波的传播速度

根据 $v=\sqrt{\dfrac{T}{\mu}}$ 算出波速，并把这一波速与 $v=f\lambda$（f 是共振频率，λ 是波长）作比较．作张力与波速的关系图 $T\sim v$．

思考题及实验小结

实验任务、步骤及注意事项

实验原始数据记录 （教师当堂签字方为有效，不得涂改）

1. 测定发光二极管（LED）的电光特性和正向伏安特性

测绘出发光二极管的电光特性 $I_D \sim P_0$ 曲线和正向伏安特性 $V_D \sim I_D$ 曲线数据．

表 23-1

I_D(mA)	0	5	10	15	20	25	30	35	40	45	50
$P_0(\mu W)$											
V_D(V)											

2. 测定光电二极管(SPD)的光电特性

测出光电二极管传输光纤组件的光电特性数据.

表 23-2

I_D(mA)	0	5	10	15	20	25	30	35	40	45	50
V_{R_F}(mV)											
I(μA)											

($V_{R_F} = I \times R_F$,$R_F = 100$ kΩ,由实验仪器给出)

教师签名:_____

年　月　日

数据处理

处理 $I_D \sim P_0$ 关系曲线数据

表 23-3

I_D(mA)	0	5	10	15	20	25	30	35	40	45	50
P_0(μW)											
V_D(V)											
I(μA)											

$$R = \frac{\Delta I_D}{\Delta P_0} = \frac{—}{—} = \underline{\quad\quad} \text{(A/W)}.$$

思考题及实验小结

实验任务、步骤及注意事项

实验原始数据记录 （教师当堂签字方为有效，不得涂改）

1. 绘出同轴电缆电场分布

根据一组等势点找出圆心，以每条等势位线上各点到圆心的平均距离为半径，画出等势线的同心圆簇.然后，根据电场线与等势线正交原理，再画出电场线，标明等势线的电压大小，并指出电场强度的方向，得到一张完整的电场分布图，用圆规和直尺测量出每个等势线上的 8 个均分点到轴心点的距离半径 r_m，填入表 24-1 中.

表 24-1

U'_r(V)		1.0	2.0	4.0	6.0	8.0
实验值 r_m(cm)	1					
	2					
	3					
	4					
	5					
	6					
	7					
	8					

2. 绘出电子枪聚焦电场的等势线与电场线分布(选做).

教师签名：_____

年　　月　　日

数据处理

1. 绘出同轴电缆电场分布

根据理论公式 $r = b\left(\dfrac{b}{a}\right)^{\frac{U}{U_A}}$，计算出各等势线的半径 r_0，并计算各等势线的半径实验平均值 $\bar{r}_m$，以 r_0 为约定真值，求各等势线半径的相对误差，填入表 24-2 中.

表 24-2

U'_r(V)	1.0	2.0	4.0	6.0	8.0
理论值 r_0(cm)					
平均实验值 $\bar{r}_m$(cm)					
相对误差 $\left\lvert\dfrac{r_0-\bar{r}_m}{r_0}\right\rvert\%$					

思考题及实验小结

实验任务、步骤及注意事项

实验原始数据记录（教师当堂签字方为有效，不得涂改）

1. 重新抄写本实验最终结果（注意误差的有效数字位数）

表 25-1

油滴 1	电压 U(V)	下落时间 t(s)	电荷	电子数 n	e 值	误差
第一次测量						
第二次测量						
第三次测量						
第四次测量						
第五次测量						
结　　果						

表 25-2

油滴 2	电压 U(V)	下落时间 t(s)	电荷	电子数 n	e 值	误差
第一次测量						
第二次测量						
第三次测量						
第四次测量						
第五次测量						
结　　果						

表 25-3

油滴 3	电压 U(V)	下落时间 t(s)	电荷	电子数 n	e 值	误差
第一次测量						
第二次测量						
第三次测量						
第四次测量						
第五次测量						
结　果						

表 25-4

油滴 4	电压 U(V)	下落时间 t(s)	电荷	电子数 n	e 值	误差
第一次测量						
第二次测量						
第三次测量						
第四次测量						
第五次测量						
结　果						

表 25-5

油滴 5	电压 U(V)	下落时间 t(s)	电荷	电子数 n	e 值	误差
第一次测量						
第二次测量						
第三次测量						
第四次测量						
第五次测量						
结　果						

教师签名：_____

年　　月　　日

数据处理

1. 将实验过程中利用计算机软件计算得到的结果粘贴于下面

实验任务、步骤及注意事项

实验原始数据记录 （教师当堂签字方为有效，不得涂改）

教师签名：_____
　　　　　年　月　日

数据处理

思考题及实验小结

大学物理实验报告

实验 26　激光全息照相

姓名：_____　班级：_____　学号：_____　指导教师：_____　成绩：_____

实验目的

实验原理

实验仪器（主要实验仪器名称、型号、编号）

2. 最终结果

$e=$ _____ ,误差 _____ .

3. $E=\left|\dfrac{|e-e_0|}{e_0}\right|\times 100\%=$ _____

思考题及实验小结

大学物理实验报告

实验 25　密立根油滴实验

姓名：_____　班级：_____　学号：_____　指导教师：_____　成绩：_____

🎯 实验目的

🔍 实验原理

🧪 实验仪器（主要实验仪器名称、型号、编号）

大学物理实验报告

实验 24　用电流场模拟静电场

姓名：_____　班级：_____　学号：_____　指导教师：_____　成绩：_____

实验目的

实验原理

实验仪器（主要实验仪器名称、型号、编号）

大学物理实验报告

实验 23　光纤通信原理

姓名：_____　班级：_____　学号：_____　指导教师：_____　成绩：_____

🎯 实验目的

🔍 实验原理

🧪 实验仪器（主要实验仪器名称、型号、编号）

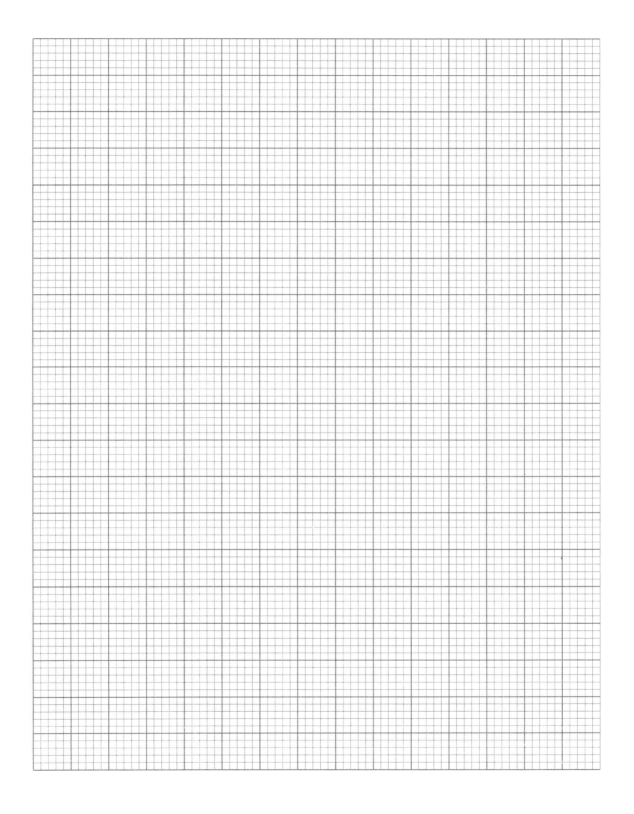

大学物理实验报告

实验 22　弦振动共振波形及波的传播速度测量

姓名：_____　班级：_____　学号：_____　指导教师：_____　成绩：_____

实验目的

实验原理

实验仪器（主要实验仪器名称、型号、编号）

思考题及实验小结

大学物理实验报告

实验 21　透镜焦距的测定

姓名：_____　班级：_____　学号：_____　指导教师：_____　成绩：_____

【◎】实验目的

【🔍】实验原理

【🧪】实验仪器（主要实验仪器名称、型号、编号）

大学物理实验报告

实验 20　光的等厚干涉——牛顿环

姓名：_____　班级：_____　学号：_____　指导教师：_____　成绩：_____

实验目的

实验原理

实验仪器（主要实验仪器名称、型号、编号）

大学物理实验报告

实验 19　光栅衍射

姓名：_____　班级：_____　学号：_____　指导教师：_____　成绩：_____

🎯 实验目的

🔍 实验原理

🧪 实验仪器（主要实验仪器名称、型号、编号）

思考题及实验小结

大学物理实验报告

实验 18　分光计的调节和三棱镜顶角的测定

姓名：_____　班级：_____　学号：_____　指导教师：_____　成绩：_____

🎯 实验目的

🔍 实验原理

🧪 实验仪器（主要实验仪器名称、型号、编号）

大学物理实验报告

实验 17　光电效应测普朗克常数

姓名：_____　班级：_____　学号：_____　指导教师：_____　成绩：_____

实验目的

实验原理

实验仪器（主要实验仪器名称、型号、编号）

大学物理实验报告

实验 16　迈克尔逊干涉仪测 He-Ne 激光的波长

姓名：＿＿＿＿　班级：＿＿＿＿　学号：＿＿＿＿　指导教师：＿＿＿＿　成绩：＿＿＿＿

实验目的

实验原理

实验仪器（主要实验仪器名称、型号、编号）

大学物理实验报告

实验 15　声速的测量

姓名：_____　班级：_____　学号：_____　指导教师：_____　成绩：_____

🎯 实验目的

🔍 实验原理

🧪 实验仪器（主要实验仪器名称、型号、编号）

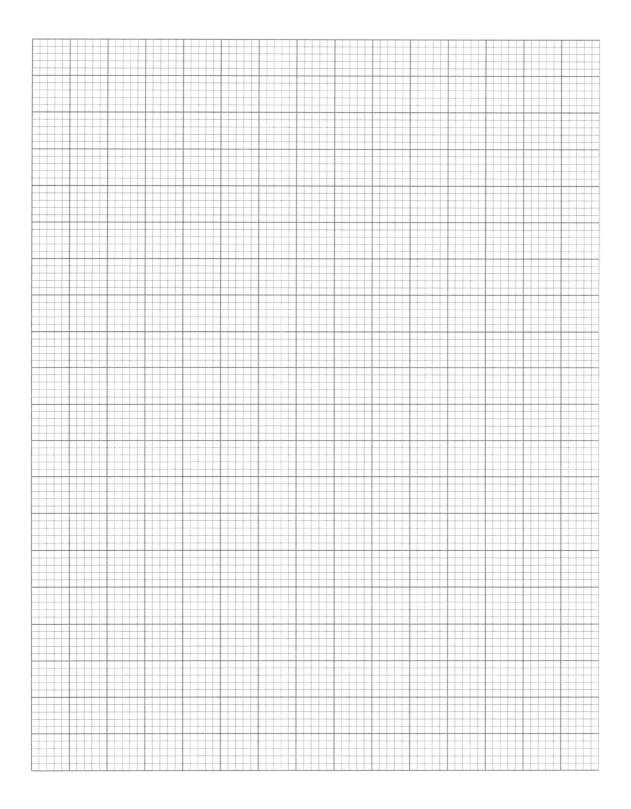

大学物理实验报告

实验 14　RC 串联电路暂态过程的研究

姓名：_____　班级：_____　学号：_____　指导教师：_____　成绩：_____

🎯 实验目的

🔍 实验原理

🧪 实验仪器（主要实验仪器名称、型号、编号）

2. 双电桥

电阻标称值(Ω)			
比率臂读数 C			
准确度等级指数 a			
平衡时测量盘读数 R(Ω)			
电桥测量值"CR"(Ω)			
$\Delta_{R_x}=(a\%)(CR+0.01C)$(Ω)			
($R_x=CR\pm\Delta_{R_x}$)(Ω)			

思考题及实验小结

大学物理实验报告

实验 13　直流电桥测电阻

姓名：_____　班级：_____　学号：_____　指导教师：_____　成绩：_____

🎯 实验目的

🔍 实验原理

🧪 实验仪器（主要实验仪器名称、型号、编号）

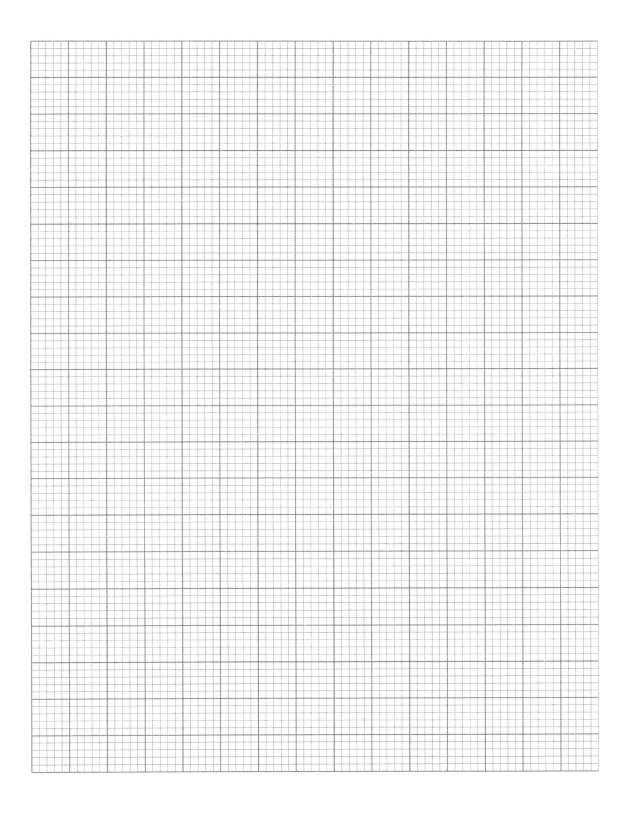

大学物理实验报告

实验 12　用霍尔法测磁场

姓名：_____　班级：_____　学号：_____　指导教师：_____　成绩：_____

🎯 实验目的

🔍 实验原理

⚗ 实验仪器（主要实验仪器名称、型号、编号）

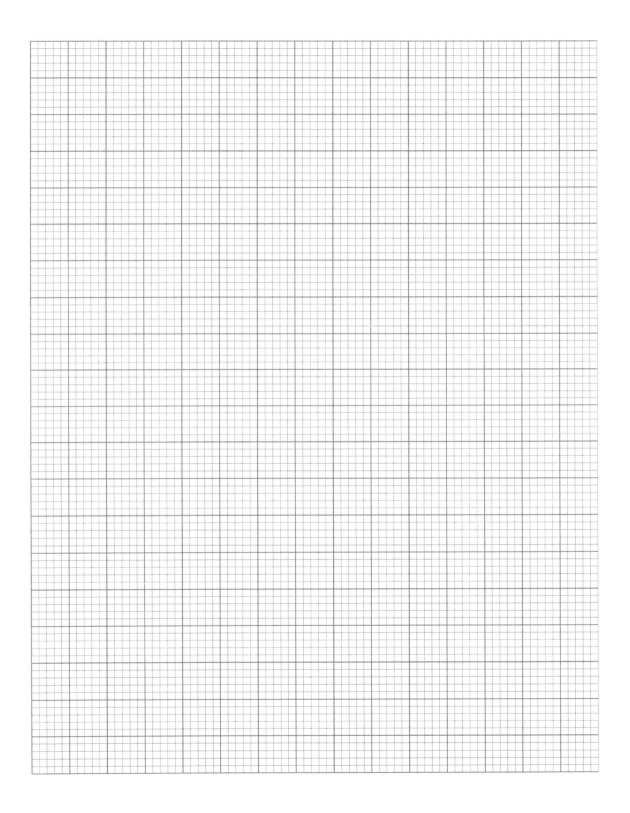

大学物理实验报告

实验 11　霍尔效应及其应用

姓名：_____　班级：_____　学号：_____　指导教师：_____　成绩：_____

实验目的

实验原理

实验仪器（主要实验仪器名称、型号、编号）

大学物理实验报告

实验 10　示波器的原理和使用

姓名：_____　班级：_____　学号：_____　指导教师：_____　成绩：_____

实验目的

实验原理

实验仪器（主要实验仪器名称、型号、编号）

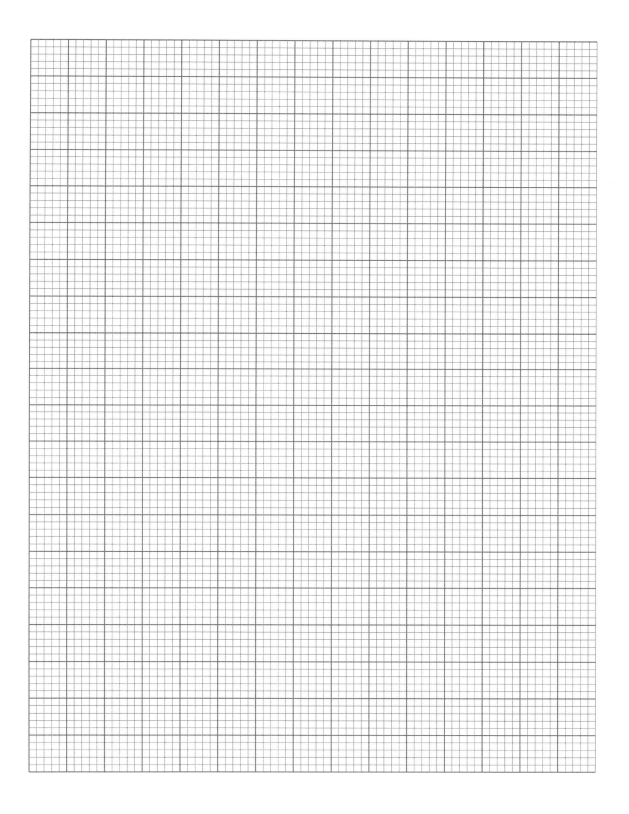

大学物理实验报告

实验 9　电压补偿及电流补偿实验

姓名：_____　班级：_____　学号：_____　指导教师：_____　成绩：_____

实验目的

实验原理

实验仪器（主要实验仪器名称、型号、编号）

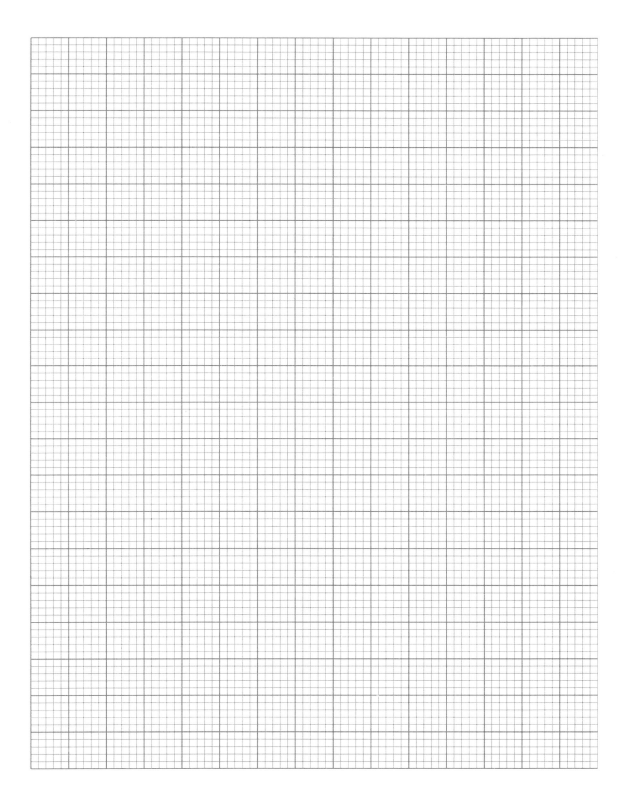

大学物理实验报告

实验 8　电学元件伏安特性的测量

姓名：_____　班级：_____　学号：_____　指导教师：_____　成绩：_____

🎯 实验目的

🔍 实验原理

🧪 实验仪器（主要实验仪器名称、型号、编号）

$$E_\gamma = \frac{\Delta_\gamma}{\bar{\gamma}} = \sqrt{\left(\frac{\Delta_m}{\bar{m}}\right)^2 + \left(2\frac{\Delta_T}{T}\right)^2 + \left(4\frac{\Delta_d}{\bar{d}}\right)^2} = \underline{\qquad};$$

$\Delta_\gamma = E_\gamma \cdot \bar{\gamma} = \underline{\qquad}$;

$\gamma = \bar{\gamma} \pm \Delta_\gamma = \underline{\qquad}$.

思考题及实验小结

大学物理实验报告

实验 7　气体比热容比的测定

姓名：_____　班级：_____　学号：_____　指导教师：_____　成绩：_____

实验目的

实验原理

实验仪器（主要实验仪器名称、型号、编号）

液膜破裂瞬间的拉力和吊环重力对应的电子秤读数如表 6-5 所示.

表 6-5

测量次数	表面张力对应读数 $U=U_1-U_2$(mV)	表面张力对应读数的平均值 $\overline{U}$(mV)
1		
2		
3		
4		
5		

4. 计算液体表面张力系数

$$\alpha = \frac{K \cdot \overline{U}}{\overline{L}} = \underline{\qquad} (N \cdot m^{-1});$$

理论值 $\alpha_0 = \underline{\qquad}$ (N·m^{-1}).

5. 求相对误差

$$E = \frac{|\alpha - \alpha_0|}{\alpha_0} \times 100\% = \underline{\qquad}.$$

思考题及实验小结

大学物理实验报告

实验6　拉脱法测液体表面张力系数

姓名：_____　班级：_____　学号：_____　指导教师：_____　成绩：_____

实验目的

实验原理

实验仪器（主要实验仪器名称、型号、编号）

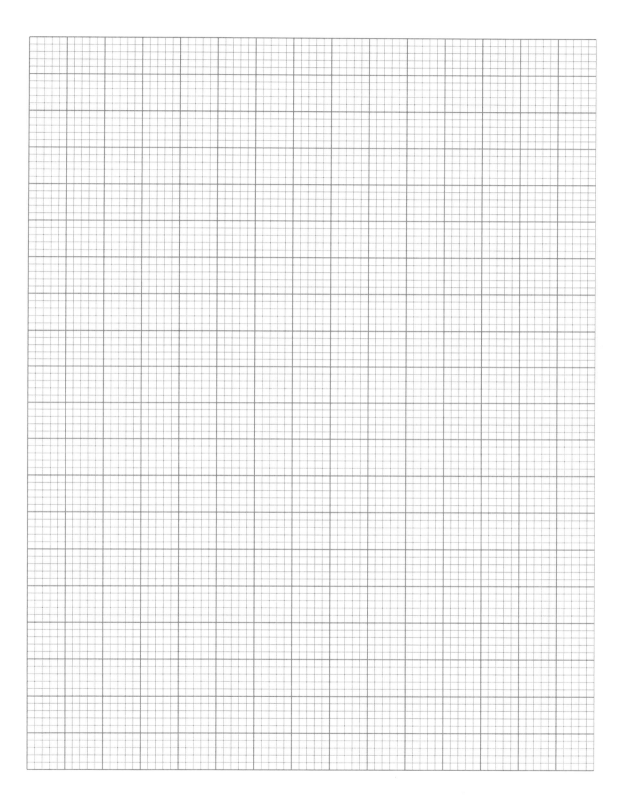

大学物理实验报告

实验 5 用气垫导轨验证牛顿第二定律

姓名：_____ 班级：_____ 学号：_____ 指导教师：_____ 成绩：_____

🎯 实验目的

🔍 实验原理

🧪 实验仪器（主要实验仪器名称、型号、编号）

$$\overline{K} = \frac{1}{T_2 - T_1} \int_{T_1}^{T_2} K_0 \times \left(\frac{T}{273}\right)^{3/2} \mathrm{d}T = \frac{2}{5} \frac{1}{(273)^{3/2}} \times \frac{T_2^{5/2} - T_1^{5/2}}{T_2 - T_1} \times K_0.$$

测量的相对误差为

$$E = \frac{|K - \overline{K}|}{\overline{K}} \times 100\% = \underline{\qquad}.$$

思考题及实验小结

大学物理实验报告

实验 4　测定气体导热系数

姓名：_____　班级：_____　学号：_____　指导教师：_____　成绩：_____

实验目的

实验原理

实验仪器（主要实验仪器名称、型号、编号）

续表

物体名称	转动惯量理论值(10^{-4} kg·m^2)	转动惯量实验值(10^{-4} kg·m^2)	百分误差
金属圆柱	$J'_2=\dfrac{1}{8}m(\overline{D}^2_{外}+\overline{D}^2_{内})$ =_____	$J_2=\dfrac{K\overline{T}^2_2}{4\pi^2}-J_0$ =_____	
球	$J'_3=\dfrac{1}{10}m\overline{D}^2$ =_____	$J_3=\dfrac{K\overline{T}^2_3}{4\pi^2}-J'_0$ =_____	
金属细杆	$J'_4=\dfrac{1}{12}mL^2$ =_____	$J_4=\dfrac{K\overline{T}^2_4}{4\pi^2}-J''_0$ =_____	

思考题及实验小结

大学物理实验报告

实验3　扭摆法测物体的转动惯量

姓名：_____　班级：_____　学号：_____　指导教师：_____　成绩：_____

实验目的

实验原理

实验仪器（主要实验仪器名称、型号、编号）

当 $\overline{F}=9.80$ N，$\dfrac{\Delta_F}{\overline{F}}=0.5\%$ 时，

$$E_E=\dfrac{\Delta_E}{\overline{E}}=\sqrt{\left(\dfrac{\Delta_L}{\overline{L}}\right)^2+\left(\dfrac{\Delta_B}{\overline{B}}\right)^2+\left(2\dfrac{\Delta_D}{\overline{D}}\right)^2+\left(\dfrac{\Delta_b}{\overline{b}}\right)^2+\left(\dfrac{\Delta_{\delta n}}{\overline{\delta n}}\right)^2+\left(\dfrac{\Delta_F}{\overline{F}}\right)^2}=\underline{\qquad};$$

$$\overline{E}=\dfrac{\overline{F}\cdot\overline{L}}{S\cdot\overline{\Delta L}}=\dfrac{8\,\overline{F}\overline{L}\overline{B}}{\pi\overline{D}^2\,\overline{b}\,\overline{\Delta n}}=\underline{\qquad}\ (\text{N}\cdot\text{m}^{-2});$$

$\Delta_E=E_E\cdot\overline{E}=\underline{\qquad}\ (\text{N}\cdot\text{m}^{-2})$；

$E=\overline{E}\pm\Delta_E=\underline{\qquad}\ (\text{N}\cdot\text{m}^{-2})$．

思考题及实验小结

大学物理实验报告

实验 2　拉伸法测弹性模量

姓名：_____　班级：_____　学号：_____　指导教师：_____　成绩：_____

🎯 实验目的

🔍 实验原理

🧪 实验仪器（主要实验仪器名称、型号、编号）

3. 用读数显微镜测毛细管的直径

表 1-6

仪器误差：_____，单位：_____.

次数 \ 项目	D_{i2}(mm)	D_{i1}(mm)	$D=|D_{i2}-D_{i1}|$(mm)
1			
2			
3			
4			
5			
平均值	/	/	

$$S_D = \sqrt{\frac{\sum(D-\overline{D})^2}{n-1}} = \underline{\qquad}$$

$$\Delta_D = \sqrt{S_D^2 + \Delta_\text{仪}^2} = \underline{\qquad}$$

$$D = \overline{D} \pm \Delta_D = \underline{\qquad}$$

思考题及实验小结

大学物理实验报告

实验 1　长度测量

姓名：_____　班级：_____　学号：_____　指导教师：_____　成绩：_____

🎯 实验目的

_____
_____
_____
_____

🔍 实验原理

_____
_____
_____
_____
_____
_____
_____
_____
_____
_____
_____
_____

🧪 实验仪器（主要实验仪器名称、型号、编号）

_____
_____

大学物理实验报告

绪论　习题作业

姓名：_____　班级：_____　学号：_____　指导教师：_____　成绩：_____

目录

Mulu

1	绪论	习题作业
5	实验 1	长度测量
9	实验 2	拉伸法测弹性模量
13	实验 3	扭摆法测物体的转动惯量
17	实验 4	测定气体导热系数
21	实验 5	用气垫导轨验证牛顿第二定律
25	实验 6	拉脱法测液体表面张力系数
29	实验 7	气体比热容比的测定
33	实验 8	电学元件伏安特性的测量
37	实验 9	电压补偿及电流补偿实验
41	实验 10	示波器的原理和使用
45	实验 11	霍尔效应及其应用
49	实验 12	用霍尔法测磁场
53	实验 13	直流电桥测电阻
57	实验 14	RC 串联电路暂态过程的研究
61	实验 15	声速的测量
65	实验 16	迈克尔逊干涉仪测 He-Ne 激光的波长
69	实验 17	光电效应测普朗克常数
73	实验 18	分光计的调节和三棱镜顶角的测定
77	实验 19	光栅衍射
81	实验 20	光的等厚干涉——牛顿环
85	实验 21	透镜焦距的测定
89	实验 22	弦振动共振波形及波的传播速度测量
93	实验 23	光纤通信原理
97	实验 24	用电流场模拟静电场
101	实验 25	密立根油滴实验
105	实验 26	激光全息照相

图书在版编目(CIP)数据

新编大学物理实验报告册/柴爱华主编. —上海:复旦大学出版社,2020.9
ISBN 978-7-309-15149-7

Ⅰ.①新… Ⅱ.①柴… Ⅲ.①物理学-实验-高等学校-教学参考资料 Ⅳ.①O4-33

中国版本图书馆 CIP 数据核字(2020)第 122426 号

新编大学物理实验报告册
柴爱华 主编
责任编辑/梁 玲

复旦大学出版社有限公司出版发行
上海市国权路 579 号 邮编:200433
网址:fupnet@fudanpress.com http://www.fudanpress.com
门市零售:86-21-65102580 团体订购:86-21-65104505
外埠邮购:86-21-65642846 出版部电话:86-21-65642845
上海丽佳制版印刷有限公司

开本 787×1092 1/16 印张 7 字数 161 千
2020 年 9 月第 1 版第 1 次印刷

ISBN 978-7-309-15149-7/O·692
定价:29.00 元

如有印装质量问题,请向复旦大学出版社有限公司出版部调换。
版权所有 侵权必究